工程造价管理指南丛书

信息工程计价指南

中国建设工程造价管理协会

U0292986

中国建筑工业出版社

图书在版编目（CIP）数据

信息工程计价指南 / 中国建设工程造价管理协会 . —北京：中国建筑工业出版社，2017.12

（工程造价管理指南丛书）

ISBN 978-7-112-21557-7

I. ①信… II. ①中… III. ①建筑工程—管理信息系统—工程造价—指南 IV. ①TU-39

中国版本图书馆CIP数据核字（2017）第291117号

责任编辑：张礼庆 赵晓菲 朱晓瑜
书籍设计：京点制版
责任校对：王 瑞

工程造价管理指南丛书
信息工程计价指南
中国建设工程造价管理协会

*

中国建筑工业出版社出版、发行（北京海淀三里河路9号）

各地新华书店、建筑书店经销

北京京点图文设计有限公司制版

北京君升印刷有限公司印刷

*

开本：787×1092毫米　1/16　印张：5　字数：74千字

2018年2月第一版　2018年2月第一次印刷

定价：**26.00** 元

ISBN 978-7-112-21557-7

（31203）

编审人员名单

主 编 单 位：中国神华国际工程有限公司

参 编 单 位：中电联电力发展研究院

北京求实工程管理有限公司

山西万方建设工程造价咨询公司

北京永达信工程造价咨询有限公司

吉林诚信工程建设咨询有限公司

北京泛华国金工程咨询有限公司

江苏国泰新点软件有限公司

主要参编人员：李福胜　苏晓辉　杨太林　白耀清　黄成刚

周　霞　许相东　黄　贺　王幼成　陈　静

连国柱　王卓相　叶成霞　尤　陇　魏守相

高　昂　敬　军　何丽梅

主要审查人员：吴佐民　舒　宇　付小军　王瑞玢　余晓花

周　杰　岳　辰　吴天宇

前　言

　　信息化是实现我国建筑业工业化和现代化的必由之路。随着我国经济的快速发展，建设工程领域已经由传统模式逐步向信息化时代迈进。要顺利推进建筑领域的信息化建设，尽快建立适合我国国情的建设工程领域信息工程计价标准就显得尤为重要和迫切。

　　目前，由于建筑领域的信息工程计价涵盖范围较广，跨越了信息系统工程、信息化工程、数据工程、软件工程、建筑工程，以及设备安装工程等诸多领域，同时，由于信息工程所开发的软件、硬件设备、运营与维护等工作内容的单件性、特殊性，以及不易定量性，使得其费用构成、计量与计价缺乏统一的衡量尺度，市场价格往往呈不确定性或报价差异较大。

　　为了满足市场及行业的需要，进一步加强和促进我国工程造价咨询企业信息化业务的拓展，我协会组织有关单位，依据和参照国家有关标准编制了本指南，旨在为业主在信息化方向的投资建设，以及专业人士编制信息工程造价业务提供信息工程的费用构成、计价方法、取费模式，以及参考指标等方面的可参考依据。同时，本指南的编制也是填补我国当前建筑领域信息工程造价管理的一次有益尝试。

　　希望本指南对今后我国工程建设领域信息工程计价标准的编制起到推动作用。由于水平有限，编制过程中难免有许多不足之处，如有任何意见或建议，请来信寄至：中国建设工程造价管理协会标准学术部（北京三里河路 9 号，邮编：100835）。

目 录

第一章 总 则

一、法规依据

信息工程计价必须遵守国家现行的与建设工程、信息系统工程、信息技术服务等有关的"条例""规范""办法"和"范本"。

二、标准遵从

《信息工程计价指南》(简称《指南》)遵从国家有关标准编制的结构和编写要求。

三、要素特性

本《指南》的规范性要素主要针对以计算机系统为基础构建的信息工程的架构、技术、资源、设备、实施等,并按工程要素的分类特性进行编制。

要素内容的论述适合信息工程项目的投资、规划、设计、建设、运维等不同业务领域的人员,在编制信息工程项目造价时参考。

四、编制目标

本《指南》编制的目标是指导信息工程通用的度量及计价模式,提供度量及计价的规则、方法和参考指标体系，可供编制信息工程及其类似的信息处理系统工程项目造价时参考。

第二章　引用标准

本《指南》参照或引用以下国家标准、行业标准：

《标准化工作导则　第 1 部分：标准的结构和编写》GB/T 1.1—2009

《信息技术　服务管理　第 1 部分：规范》GB/T 24405.1—2009

《信息技术　服务管理　第 2 部分：实践规则》GB/T 24405.2—2010

《信息技术服务　分类与代码》GB/T 29264—2012

《电子信息系统机房设计规范》GB/T 50174—2008

《数据中心基础设施施工及验收规范》GB/T 50462—2015

《电子工程建设术语规范》GB/T 50780—2013

《建设工程造价咨询规范》GB/T 51095—2015

《智能建筑设计标准》GB 50314—2015

《建设工程工程量清单计价规范》GB 50500—2013

《通用安装工程工程量计算规范》GB 50856—2013

《房屋建筑与装饰工程工程量计算规范》GB 50854—2013

《电子建设工程概（预）算编制办法及计价依据》HYD 41—2015

《电子建设工程定额　第一册～第五册》HYD 41—2015

第三章　信息工程基础

信息工程基础包括信息工程原理概述和部分信息工程技术术语界定，是信息工程计价要素的工程技术基础内容。

一、信息与信息论

信息是以适合于通信、存储或处理的形式来表示的知识或消息。信息的思维科学属性、通信科技属性、知识工程属性和数字存在属性决定所有与信息相关的系统、过程、应用、工程的基本分类规则，与信息工程的度量、计价和取费直接关联。

信息论对信息度量采用的数学方法是基于概率论的统计学原理，也是信息工程计价的基础数学原理之一。

二、信息系统

本《指南》推荐采用的"信息系统"定义如下：

由计算机及其外围设备、通信网络及其接入设备、环境及动力设备，按特定应用目的和构建规则，实现信息采集、处理、存储、利用、传输等功能的人机系统称为信息系统。

三、信息工程

"信息工程"概念、原理和方法以技术科学形态出现于 1981 年，工程业界目前对"信息工程"尚未有统一的定义。本《指南》所指的信息工程定义为：

企业或组织应用相互关联的正规化、自动化的成套技术对信息系统进行规划、设计和建设的工程项目。

信息工程构建的基本原则是：

以类型稳定的数据为中心，由业务专家参与建模，用多变处理方式，定义业务信息数据结构、业务系统结构和信息技术架构，依据信息规划、业务分析、系统设计和实现的阶段顺序，建立以信息系统为基础模式的信息化工程。

四、信息技术服务

1. 信息技术体系

信息技术（IT）体系包括微电子技术、计算机技术、软件工程、通信工程技术四项各自独立又相互关联的技术类型。其中：

微电子技术是计算机系统赖以生存的基础。计算机系统的硬件和固件依赖微电子技术的成果和产品，决定着集成电路芯片和器件的功能和价格，也直接影响到信息工程和信息技术服务的计价。

计算机技术是计算机系统的设计、建造、安装、调试、测试、运行、维护和升级等应用活动或过程依赖的基本技术。计算机系统是软件得以运行、信息得以处理的基本环境，同时也决定了以计算机系统为基础的信息工程的成本和市场价位。

软件工程是以计算机程序的结构化、模块化设计技术，使软件制作实现流程化、组装化，从而实现软件编制的"工程"化生产过程。目前的软件开发与应用一般都属于软件工程。因而可以按照"产品生产"模式核算软件的成本和评估软件产品的市场定价。

通信工程是信息采集、处理、存储、利用必需的传输网络工程，构建通信网络工程的基本技术是通信工程技术，主要指信息通信技术（ICT）。通信工程一般可以参照电气安装工程或电子信息工程予以度量和计价。

信息系统工程、信息化工程、移动通信工程、物联网、大数据工程、云计算服务等各类信息技术工程是建立在上述核心信息技术基础上的应用工程。这些应用工程的度量、计价对象基本上是以信息技术类型区分不同的费用构成和取费方法。

2. 信息处理技术

信息工程的基础是信息系统，信息系统的基本功能是信息处理，信息处理技术的基本形式包括数据管理、信息管理和知识管理三种基本类型。

数据管理的基本功能是数据的采集、分析、统计、存储、检索和利用。典型的数据管理系统有财务管理、税务管理、工资管理等。此类业务处理系统基本上是成熟、定型的商业化软件产品。本《指南》界定这一类型的软件为商品化（套装）软件，以区别于委托定制开发的"定制软件"。

信息管理一般存在"定制"需求，因为企业或组织的信息具有与企业或组织的专门业务特性相关的领域特征，涉及业务流程梳理和重构，数据挖掘和建模，数据库管理平台等的应用开发。属于信息管理范畴的"管理信息系统（MIS）"类建设项目，因为需要特殊专业人员的咨询和参与，一般归结为信息技术服务类，以人力资源计价为主。

知识管理的关键因素是"人"，这也是信息工程计价的特点。在知识管理系统工程中，人员费用随业务领域知识、专业技术等级、承建单位资质、建设周期长短等因素而有较大差异，尚不具备完全定额化的条件。

3. 信息技术服务

服务也是一种产品，而且是可以通过重复销售实现价值和获取利润的商品。

信息技术服务是供方为需方提供信息技术开发和应用的服务，以及供方以信息技术为手段提供支持需方业务活动的服务，是信息工程建设项目造价中必然发生的需要度量、计价和取费的重要成分。

信息技术服务内容一般包括：软件服务、硬件服务、信息内容服务、云计算服务、网络通信服务及其他相关的服务。

信息技术服务提供形态一般包括：信息技术咨询服务、设计与开发服务、信息系统集成实施服务、运行维护服务等以信息技术为基础的服务。

信息技术服务体系（ITSS）的标准化已经历三次修订，目前可作为 ITSS 体系的模式如图 3-1 所示。

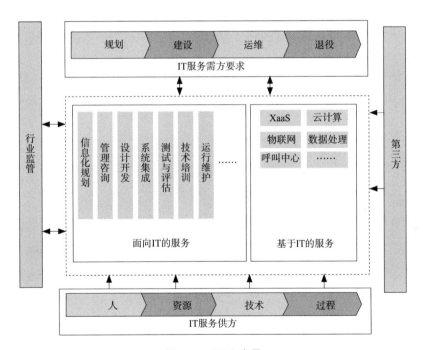

图 3-1　ITSS 全景

第四章 信息工程度量

一、度量与度量体系

度量是实现单位统一和量值准确可靠的活动过程，它涉及整个测量领域，并对测量进行指导、监督和保证。度量应具有准确性、一致性、溯源性、法制性的特点。

度量体系由指标体系、度量基准、度量标准和度量手段四个要素构成。其中指标体系和度量基准是整个度量体系的关键，也是度量工作正确进行的必要前提。

度量指标是对度量对象本质属性和特征的具体反映，是对度量的各个维度的界定。度量指标以目录形式，从多个维度解释说明度量对象的名称、类型、内容、等级和配置，为度量基准和标准提供了设定最小度量粒度的依据。

表4-1是应用软件开发的指标目录格式的一个样例。此表是项目级别工作任务分解、各项目任务度量的指标项和标准价，构成开发项目度量体系的一种格式。

应用软件开发项目的度量指标目录式样　　　　　　表 4–1

序号	项目阶段	人员数量	工期（月）	工作量（人·月）	人员类型	人月费用（元/（人·月））
一	详细设计					
二	开发（编码）					

续表

序号	项目阶段	人员数量	工期（月）	工作量（人·月）	人员类型	人月费用（元/（人·月））
1	功能模块 1					
2	功能模块 2					
3	……					
三	系统测试					
四	系统调试					
五	部署实施					
六	系统培训					
七	合计					

表 4-2 是硬件设备购置的度量指标目录式样。此表列示出硬件购置项选型指标项和计费方式，是购置事项度量指标目录的典型格式。

硬件设备购置的度量指标目录式样　　　　　　　表 4-2

序号	项目名称	选型参考指标	计费方式
一	网络设备 如：交换机、路由器、接入系统等	品牌类型 技术指标 数据流量	按设计选型、网络拓扑结构计算
二	主机设备 如：服务器、小型机、工作站等	应用类型 信息处理量 支持用户数 系统平台	按设计选型、设计目标要求计算
三	安全设备 如防火墙、入侵检测等	应用类型 安全等级 实现方式 软、硬件品牌型号	按设计选型、设计目标要求计算
四	存储设备 如磁盘阵列、磁带库等	信息量 数据存储方式	按设计选型、设计目标要求计算
五	计算机外设等	用户数 终端数	按系统用户对象需求计取

度量基准即度量的单位，是同种度量对象的原始标准，度量得到的量值就是度量对象以度量基准为参照物得出的相对值。

在建设工程中，常用的度量基准是通用的度量衡制，如：重量单位制吨（t）、公斤（kg）等；长度单位制千米（km）、米（m）、厘米（cm）、毫米（mm）等；设备部件单位制台件、台套等。在信息工程造价中，则会有（人·时）、（人·日）、（人·月）、（人·年）等度量基准单位。

度量标准是度量体系中的构成要素之一，是对度量对象各个度量维度的定量要求，是度量对象属性的质的临界值，以及在质变过程中量的规定，也是对度量对象进行价值判断的准则。

例如：国家对汽油、柴油进行价格管制的方式是公告汽油、柴油的价格，此度量对象属性的"质"是"国家汽/柴油指导价"，使用的度量标准是"元/t"；各加油站销售汽/柴油时给出当日的汽油/柴油牌价，此度量对象属性的"质"是"加油站销售的汽/柴油牌价"，使用的度量标准是"元/L"。因为度量对象属性发生了"质"变，而汽/柴油度量标准"t"和"L"是度量对象属性的"质"的临界点两侧的两个度量对象的"质"所对应的度量标准。

度量手段是度量体系中的构成要素之一，是实施并完成度量的具体操作方式和方法。信息工程的度量手段不同于其他建设工程，其度量手段不是实物型计量工具（如：重量衡器、长度量具等），主要是度量模式和方法，此类度量模式和方法可能是一个软件工具或度量平台（如：MS-Project 的工作任务分解、Mk Ⅱ 功能点估算法）。

二、度量对象

度量是针对预定的度量对象，运用度量手段，按度量标准，确定度量对象所含有的度量单位的总量。据此，在度量实施前，度量对象应按对象的类别、度量的单位、细分等级和时间尺度进行逐层分解，直到得出可度量的最小粒度。这个"可度量的最小粒度"即是可计价的细分要素。

三、工程度量

工程有广义和狭义之分，本《指南》采用狭义的工程概念，即：

以期望的愿景为目标和依据，应用有关的科学知识和技术手段，通过一群人的有组织活动，将某个（或某些）现有实体（自然的或人造的）转化为具有预期使用价值的人造产品的过程。

狭义的工程应当具有的职能或其实现过程一般应包括研究、开发、设计、施工、生产、操作、管理以及其他职能。

狭义的工程因其应用的科学知识和技术手段的不同而有不同的属性和类型。如：建筑工程、土木工程、机电工程等。多个狭义的工程作为子项工程并有机地将各自的职能组合运用则构成实现综合目的的系统工程。工程度量依据其不同专业属性的子项工程的相应度量规程、方法和指标分项进行。

信息工程即属于系统工程范畴，其子项工程至少包括建筑和装饰装修工程（机房工程）、机电工程（电力设备、环境设备）、电子与通信工程（综合布线）、计算机工程、软件工程（信息技术类）等。信息工程度量也是依据其不同专业子项工程的度量规程、方法、指标分别进行并累计。

四、服务度量

1. 服务的概念与产品属性

服务是个人或社会组织为邀约对象直接提供，或凭借某种工具、设备、设施和媒体等提供的工作或进行的一项业务活动。服务主要以活动形式表现其使用价值或效用，是通过重复销售实现量的供给。因此，服务也是一种产品，而且是一种可重复销售的"商品"。

服务的基本要素是提供服务所需的资源、实现服务过程的平台和服务预定的价值度量。

2.服务度量机制与度量模式

服务度量遵循基本的度量原理，其度量机制由度量体系和度量对象构成。其中，服务度量体系包括服务度量指标、服务度量基准和服务度量标准。

（1）服务度量指标

服务的度量指标一般以目录形式提交。服务的度量指标目录包括服务名称、服务类型、内容描述、服务等级和资源配备等。表4-3是服务的度量指标目录形式的样例。

服务度量指标目录样表 表 4-3

服务名称	服务类型
计算服务	基础设施类服务
内容描述	
提供计算服务功能，主要通过计算类资源实现，如物理服务器组建成集群等	
服务等级	
按照计算能力进行划分	
资源配备	
物理服务器	

（2）服务度量基准

服务度量基准包括服务的可度量项及其度量单位。服务度量基准按照服务内容分类，并对各种典型服务说明其具体的度量项目以及适用于该项目的度量单位。例如：CPU的核数、频率，存储空间、存取速度等。表4-4是服务度量基准表的样例。

服务度量基准样表 表 4-4

序号	服务分类	服务名称	服务度量基准
1	基础设施服务	计算服务	CPU：核数（个），频率（Hz）；内存（GB）；硬盘（GB、TB）
2		存储服务	存储空间（GB、TB），存取速度（kB/s、MB/s）

续表

序号	服务分类	服务名称	服务度量基准
3	基础设施服务	网络服务	网络带宽（kB/s，MB/s）
4	支撑软件服务	数据库服务	并发请求响应数目；SQL执行效率
5		环境服务	虚拟机配置；工具配置
6	信息安全服务	防火墙服务	吞吐量；最大并发连接数；对SYN-flood攻击的防范能力
7		入侵检测服务	检测范围；响应时间
8		密钥管理服务	密钥协议
9	运行保障服务	系统监控服务	响应时间（s）；数据存储空间；监控内容项目

（3）服务度量标准

服务度量标准是对具体的服务设定标准项，指导服务的等级划分，不同的等级服务计费不同。服务度量标准按照服务分类，依次说明各典型服务的度量标准选项内容，并依照度量标准各项内容进行标准值设定。服务度量标准可以规定服务等级，不同等级的服务提供的服务能力有量或质的差别。表4-5是信息技术资源类度量标准的样例。

信息技术资源分类度量标准选型样表 表4-5

序号	资源分类	资源名称	资源度量标准
1	计算类资源	服务器	品牌和型号：CPU、内存、硬盘等具体配置
2	存储类资源	NAS	磁盘阵列型号
3		SAN	磁盘阵列型号；SAN技术
4	网络类资源	光缆	品牌和型号
5		交换机	品牌和型号；性能参数
6	软件类资源	操作系统	版本
7		虚拟化系统	版本
8	基础类资源	机房装修	面积；装修设计；装修材料和设备的品牌型号

第五章 信息工程计价

一、工程计价的基本原理

工程计价的两个基本环节是确定工程量和单位价格，其中，工程计量是一个计算建设项目的工程量值的度量过程；单位价格指由国家或各级行政管理部门颁布的统一计价定额。

1. 计价量纲规范

计价量纲和价格结构是工程计量的规范性要素，一般在制定工程计量规范时以标准要素方式明确界定。

信息工程的计价量纲与计价单位除包括通用的工程计价量纲单位之外，还应包括信息工程特有的部分，主要是信息技术类工程有特殊的计量单位和量纲。

（1）计算机技术是有时间序指标的工程技术，其时间/频率度量单位有："ns""μs""ms""s""h"等；

（2）特殊的数字化技术的计量单位，常用的计算机数字技术特有的单位有："bit"、"Byte""kB""MB""GB""TB"等；

（3）软件工程的计量则有："代码行""功能点""人·日""人·月"等复合型度量单位；

（4）信息工程的单位量纲则有："bit/s""Byte/s"等表征速率的量纲单位。

2. 计价的度量规程与计价依据

确定工程计价的单位价格体现为计价定额。计价定额是在合理的劳动组织与合理地利用材料和机械的条件下，完成单位合格产品所消耗的资源数量标准值。定额计价是建立在以政府定价为主导的计划经济管理基础上的价格管理模式。

定额作为工程计价的法定依据，是按劳动力、材料、资源的单位消耗量，或设备使用量，或实施过程的附加消耗等，按社会平均水平测算的计价额度。

工程定额（Q_u）的数学关系可表示为式（5-1）函数模式：

$$Q_u = f[（人工，材料，设备，资源，实施）/ 度量基准单位·工期]　　　（5-1）$$

信息工程建设项目中，除工程定额计价外，属于信息工程产品购置费类型的度量与计价一般是以市场规律和协议方式定量和定价，不采用定额计价方式，但可以参考公式（5-1）的数学计算模式核定市场价格的合理性。

3. 基本计价规则与算法

（1）基本计价规则

信息工程计价的基本规则一般包括：

1）规范信息工程的费用构成，费用的每一构成项应是能够独立定量和定价的最小项；

2）说明每一取费项的内容；

3）规定每一取费项的计算方法；

4）对于具有指标意义的取费系数或指标应尽可能给定计算方法和参考值或区间。

（2）计算方法基本规则

工程费用项计算方法建立在以下规则基础之上：

1）凡有国家或各级政府发布的工程费用项目及其取费办法的项应按相关

规定计算；

2）计算方法可以用计算公式表达；

3）不能以计算公式直接计算的费用项应以列项穷举方式逐一说明；

4）含调整系数的费用项以规范的表格说明。

（3）定额与区间的分类规则

工程计价的概算和预算依据有"概算定额""预算定额"，是面向工程造价体系。

信息工程计价因人力资源计价的引入而有"概算指标""预算指标"的分别，属于面向工程度量的指标体系。

"指标"常以计算基数与调节系数的方式表示。计算基数可以是一个定额值，也可以是一个具有相似性的定额组合的数理统计值。调节系数可以是一个比例系数值，也可以是一个用百分比表示的增量型费率。

定额与指标的区别在于："指标"是一个度量标准体系的"刻度"，比"定额"更偏向综合，有可调的覆盖范围和单位量值。

（4）基准值与调节范围的测算规则

在概算与预算指标的基本结构中，计算基数以一个量值或取费项确定，同时应给出与计算基数有约束关联的调节范围。

当特定项目费用存在分级取费的情况下，为估算或评价取费的规模，可以按集合方式测算计算基数的统计数值（基准值）及其调节范围区间。基准值的测算可按下述"数据集合"统计处理规则步骤进行。

1）采集已建工程造价的计算基数样本；

2）构建样本数据点图并分解数据集中区的模糊集合边界；

3）将各模糊集合子集内的数据以移动平均法或指数平滑法求解子集中具有指标意义的取值；

4）以模糊集合子集内有指标意义的取值作为测试数据，按样本工程目标测算取费基数；

5）计算指标数据测算规模与实际规模的偏离度；

6）重复3）至5）步，修订算法的参数和指标意义的取值，直至偏离度落在概预算规范的区间内。

二、信息工程计价的基本原则

1. 产品计价与服务计价

信息工程计价涉及产品计价和服务计价。

信息工程计价所指的产品指能满足信息处理所需功能，以实体为基本形式，可产生效益的物件或服务。信息工程产品按照内容可分为规划咨询类、软件工程类、基础设施类、系统集成类、运行维护类、信息安全类共六大类。其中：

软件工程类和基础设施类的计价归结为产品计价，其计价对象一般以实体形式呈现，其度量与计价依据市场规则确认或调节。

规划咨询、系统集成、运行维护、信息安全四大类按国家标准规范为信息技术服务，其计价即为服务计价，以人力资源度量与计价为主。

无论是产品还是服务，信息工程计价都与生产率、人力资源、工作量或工程量、单位计价等直接相关，需遵循生产率要素、人力资源分级、量价的分离和关联等三项原则。

2. 生产率要素原则

信息工程各阶段的生产过程持续的周期与劳动量直接相关，当工程量测算为一个定值时，生产率的高低直接影响工程的建造周期，即：生产率与工程建设周期成反比。

例如：在采用功能点法评估软件开发工作量时需要用测算的工作点总量除以生产率计算开发的工期，不同行业的生产率高低不同，将各行业生产率汇集在时间坐标上对比，可建立生产率要素模型。图 5-1 是按（每一功能点）开发所需（每人小时）的生产率模型。另一种功能点法生产率模型是按各类软件每人日可开发的功能点数为比较单位。

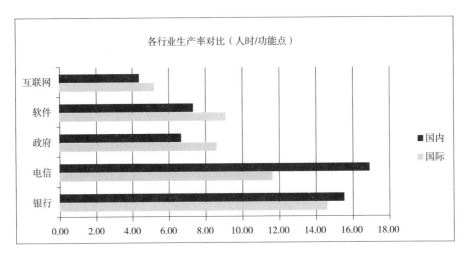

图 5-1 功能点法的生产率对比模型样例

3. 人力资源分级原则

人力资源不同于其他类型资源的主要是：人力资源除了作为劳动力的体力和能力之外，还具有其他资源不具备的思维能力，从而具有智力、创造力和认知力等特有的脑力劳动价值因素，因此，人力资源的度量和计价应当区别行业、专业、地域，建立分类、分级模型，确定人力资源度量、计价的标准体系和基准体系。

4. 量价的分离与关联原则

信息工程的造价通过度量结果与计价基准的综合计算生成。"量"与"价"是信息工程造价的两个相互独立又相互关联的造价因子。

度量与计价是两个不同的体系，应当分别建立。

度量与计价又是两个各不相同的实施过程，应当分别独立进行。

信息工程量价分离原则即指"量"与"价"依据各自的度量标准和计算规则分别独立地进行。

信息工程"量"与"价"又存在相互影响，相互关联。信息工程的量价关联特性体现在以下三方面：

（1）量与价的反比关联

按照商品成本现值的一般规则，当商品的量增加到一个可以计算的规模时，产品成本中的开发成本和管理成本的分摊值会逐渐减小直至分摊完成，这部分成本转移为产品的纯利润。因此，在期望利润目标一定时，由于成本的下降，商品供应方会降低产品的售价，产品价格的下降会拉动产品的需求，产品的价格与产品销量就成反方向变化。

因此，在编制信息工程造价过程中，依据所需材料、零部件、信息产品的用量级别，在基本交易单价基础上，需要测算不同采购量的调价幅度或折算比例。

（2）工期与效率的反比关联

受工程项目的投资额和资金筹集限制，工程建设的工期一般会保持在一定周期内。

当需要加快工程建设进度，缩短建设工期时，就需要提高生产率，提升劳动力的级别，从而增加人力成本，导致工程造价升高。工程造价随工期的缩短而增高，这就是工期与效率成反比关系所致。

（3）复杂度与量价的正比关联

当工程项目按工作任务分解到可度量计价粒度时，此粒度量级的度量计价对象的复杂度将影响工程量和生产率，量价的规模值将因复杂度的上升而成比例地扩大。这就是复杂度与量价呈正比关联的体现。如果期望降低工程项目的工程量和造价，就需要尽可能降低工程的功能性需求和非功能性需求决定的复杂度。

三、服务计价

服务也是一种产品，服务计价应当与产品计价有共同性，服务的定价服从定价策略和价格结构。但是，由于服务主要依托的支撑要素中，人力资源的比重以及知识含量和技能水平的要求，服务计价与产品计价又有明显的不同。

首先，服务购买方得到的不完全是一个有形的"产品实体"，对服务价值的评判不完全具有量化的条件，因此，服务价格更多地依赖"指标"构成的约定规则。

其次，服务的交易评价中的一个关键"指标"是"满意度"，这是一个极难量化的指标，常常是以一组二维判定规则来表述，属于"人工智能"的规则推理模式的判定方法。

最后，服务的效率指标受人力资源的知识、技能水平影响，只能是一个以"集合"方式表述的量值等级。这是导致服务计价多以分级定量或分级区间方式给定的原因。

信息工程中的信息技术服务是其计价的重要成分，信息工程计价应规范对服务产品的内容、等级、指标、价格等的定义、验证、判定和接受规则。

四、人力资源计价

1. 基准单价

人力资源的基准单价，或称人工定额基价，是指以价值形式反映的消耗在工程分项基本构造要素上的人工单价基数。

各类型信息工程项目的人员分级结构中，权重为"1"的级别为每类项目人员的共性等级，是项目人员中的基本级，相应的人工取费额度是基准人工单价，是其他级别角色人员人工单价的计算基准。其他各级别角色的人工计价以基准人工单价乘该级别相应倍率计算。

基准人工单价适用于区分项目人员类型，按各阶段不同人员的工作量计取费用时使用。

基准人工单价的测算过程如下：

（1）确定基准人员角色，根据不同项目类型确定等级权重值为"1"的人员角色。如咨询顾问、软件实施顾问、程序员、运维工程师等。

（2）确定基准人工单价，通过基准人员角色的报酬和人力成本费率两个要素确定。

（3）确定分级人工单价,通过基准人工单价和人员换算倍率两个要素确定。

例如：信息工程项目的咨询规划单项工程的人力资源计价以中级顾问为基准，按不同技术职别的价值差异，参照国家或地区行政主管部门颁布的人员分类分级单价参考数据，分别测算人员的基准人工单价，见表5-1。

咨询规划人力资源基准单价样例　　表5-1

人员等级类别	专家顾问	项目经理	高级顾问	中级顾问	咨询顾问
基准单价（元/（人·日））	3976	3181	2492	2385	1590

2. 标准单价

标准单价是以基准单价为基础，按照单位工程中各基准单价对应人员的工程量配比测算的指标意义上的单价，适用于工程造价的估算。

信息工程建设项目的人员按技术层次和角色，在项目总工作量中的承担份额，按占比构成的分布形态因项目类型而异。分布形态不同，承担比重的人员的级别不同。因此，按工作量估算所得的项目总工作量因人员工作量分担重心的不同而需要测算一个计算单价。

以人员费用为主的信息工程项目，在以估算的总工作量计取费用总额时所用的人工单价定义为标准人工单价，其取值依据各类信息工程项目的基准人工单价和工作量配比形态测算而得。

人员工作量配比指项目中的各类人员工时投入比例。标准人工单价适用于按项目总工作量计取费用时使用。表5-2是咨询规划人力资源标准单价测算样例，其中的基准单价参照表5-1数据。

咨询规划人力资源标准单价测算样例　　表5-2

项目总进度：90日。

人员等级	专家顾问	项目经理	中级顾问	咨询顾问	总计
工程量（人·日）	20	90	50	90	250
人员费用（元）	79520	286290	119250	143100	628160.00
标准单价测算（元/（人·日））	人员费用总计/工程量总计＝2512.64				

3. 分级费率

人力资源具有智力、创造力和认知力等特有的脑力劳动价值因素，其度量和计价应区别行业、专业、地域，建立分类分级模型、标准体系和基准体系。

例如：信息规划与咨询业界，有将咨询业务人员分为资深咨询顾问、高级咨询顾问、中级咨询顾问、咨询顾问和咨询助理五个等级的标准体系模式。以咨询顾问为基准，取费率系数为1，对应基准人员单价。其他级别的人员相对于基准，按一定级差设定取费率系数，构成分级费率体系。

五、信息工程计量方法

信息工程的工程计量由三个有时间顺序的环节构成：

（1）分解工程的度量要素，即：按项目层级或粒度进行逐级分解，直到获得可度量的最低层级或最小粒度；

（2）按最低层级或最小粒度要素进行度量，即：用适当的方法，依据度量指标体系、度量基准和度量标准，测算底层或最小粒度要素的工作量；

（3）统计项目的工程量，即：按照分解过程的层次，逆向逐层级统计整个项目的总工程量。

1. 工程度量要素分解方法

在进行信息工程项目工程量估算之前，需要对项目进行分解。分解的目的是使度量计价的过程有序化、条理化，有利于采用信息处理技术和数字信息管理。

信息工程项目的分解常用的方法有"瀑布模型法""工作任务分解法（WBS）"和"项目任务分解法（PBS）"等。

（1）瀑布模型法

瀑布模型法是经典系统工程分析方法，适用于自顶向下按进程时间顺序划分阶段的工程项目，即：分部、分项工程在空间上互不干涉，则在时间上可以同步进行。这种方法的流向和梯次特点类似瀑布，故称为"瀑布模型"。应当注意的是：瀑布模型的阶段在时间上是不可逆的。因此，流程模式的信息工程项目可以采用瀑布模型进行系统分析或工程管理。

瀑布模型作为自顶向下的分析模型是顶层设计的一种有效模式。

WBS 和 PBS 法是典型的基于瀑布模型的自顶向下分解方法，也与工程量清单的编制标准模式基本吻合。

（2）工作任务分解法（WBS）

WBS 法是以工程项目的可分解并独立安排的工作任务为梯次，自顶向下地逐层分解工作任务到可度量的层级或粒度。

本质上，WBS 是一个随任务分解而对项目细分任务进行编码的过程。任务编码的长度将体现项目任务的数量规模。按照工程量清单编制标准的规定，工作任务编码的长度也可直接按行业工程量清单规定的长度设置并定义各层级的编码子段。

WBS 法宜用于项目管理和项目规划阶段对项目工作量的估算。

（3）项目工作任务分解法（PBS）

PBS 法与 WBS 方法类似，只是项目工作任务的分解粒度更为细化，较为适用于软件开发或应用项目的规模估计。

2. 通用估算方法

通用估算方法适用于各类信息工程项目的工程量规模评估。通用估算的常用方法包括类比法、类推法、专家估算法、Delphi 专家估算评价技术。

（1）取样统计分析类

取样，指在信息工程项目的历史数据库中检索应用领域、运行环境、项目复杂度、信息工程类型相同的样本作为估算的初始数据样本。

参考样本，指与待估算的信息工程项目在需求说明、功能要求、投资规模、计划完成率、应用绩效等方面有可比性和较高相似度的已完成预期目标的完整信息工程项目或多个此类项目的集合。

1）类比法

类比法，指参照的样本项目或样本项目的分部或分项工程可以作为比较基准的估算法。

如果在信息工程项目的历史数据库中检索到的可以参考的同类型项目的样本在三个或三个以上，可以采用类比法进行新项目的规模、工程量、进度、资源利用和投入成本的估算。

采用类比法估算时，样本项目的度量计价要素数据可以直接筛选作为新项目的估算数据。评估筛选结果用于新项目的符合度时，可以采用加权平均统计偏差和偏离度来判定，或采用数学统计归纳法处理筛选数据从而得出更合理的估算结论。

类比法成功估算的前提条件之一是：组织好选用历史项目的后评价分析机制，保证历史项目的数据分析是可信赖的。

2）类推法

如果在信息工程项目的历史数据库中检索到的可以参考的同类型项目的样本仅有一或两个，但检索到的项目与待估算项目高度相似，则视检索到的样本为"量化经验"数据，可以此样本（一个样本）项目为基础，或按两个样本的均值为基础，按待评估项目需求和限定条件，对参照样本的相关要素数据进行推算，故这种估算法称为类推法。

（2）经验模板概算类

1）专家估算法

专家估算法是典型的经验型评估方法，其成功度完全依靠"专家"的工程经验和从事过的工程项目的类型和成功率。

参加工程项目规模评估的专家根据项目规模、工程量估计、进度分配、造价量级等事项提出评估意见并相互讨论，这就要求参与的专家不仅有丰富的工程专业经历，还应具有较强的沟通能力，保证自己意见的说服力与影响度。当专家评估意见无法达成一致决定时，可采用多数表决方式选定。

由于各类近似定量评估方法日渐成熟并得到广泛应用，专家估算法已不再直接用于规模估计，更多是用于对规模估算的结果作鉴定性评审。

2）Delphi 评估技术

Delphi 法是最流行的专家评估技术。由美国著名咨询顾问公司 Rand 于 1948 年提出。这种方式适用于在工程建设方没有自有的历史项目数据样本的情况下，用以评定过去与将来，新技术与特定技术之间的差别。

Delphi 技术运用的关键是"专家"的选聘和专家组的规模。各位专家在专业工程经验的丰富程度及其对项目工程技术的理解深度是 Delphi 法评估工作中的决胜点。

专家评估技术在评定一个新项目实际成本时通常用得不多，但在评估其他模型的输入时特别有用。因此，Delphi 法常用于其他方法的估算数据的验证性测评。

Delphi 法的运用步骤如下。

① 评估工作组织方编制并发给每位专家一份项目的规格说明和一张记录估算值的表格，请专家估算，并填表。

② 每位专家详细研究规格说明，并经过三轮评估后提出 3 个规模估算值，即：

a. 最小值 A_i ——最经济的估计

b. 建议值 M_i ——最可能的估计

c. 最大值 B_i ——最耗费的估计

③ 评估工作组织方对每一位专家表格中的答复进行整理，用中值加权法计算每位专家的估算值，计算公式如下：

$$E_i = (A_i + 4M_i + B_i) / 6 \qquad （5-2）$$

④ 然后计算出所有专家估算结果的平均值：

$$EA_i = (E_1 + E_2 + \cdots\cdots + E_n) / n \qquad （5-3）$$

⑤ 将综合结果的分析表返回给各位专家，各位专家参考评估的计算结果对自己先前的估值酌情修正，再组织专家无记名填写新一轮评估值表格。

⑥ 比较估算偏差，并查找原因，进行修正，重复②～⑤直到获得满意结果。

如果经 3 轮估算出现两值（S_1，S_2）非常接近，一值（S_3）相差较大，则不采用式（5-2）计算，而采用两接近值的均值加权法计算，即：

$$E_A=[5\times(S_1+S_2)/2+S_3]/6 \qquad (5-4)$$

综合上述过程，可见，Delphi 法与单纯专家估算法的区别是：

a. 专家之间的讨论或辩论由 Delphi 技术的数学统计模型代替，避免了专家讨论可能发生的冲突和议而不决现象发生；

b. 专家意见的选择和确认依赖数学统计的偏差和偏离度计算结果，不再受人为的经验因素影响，避免了多数表决的不完全精确的缺陷。

Delphi 技术在信息工程规模评估中的另一种移植使用方式是：

选用不少于三个历史项目样本"模拟专家意见"，按 Delphi 算法的步骤和偏离度大小，以反馈循环调节原理进行规模估算。这种方式没有实在的专家，但其"估算参照的样本"与专家评估时各位受聘专家提出估算规模意见依赖的经验样本就其实质并没有本质区别。如果采用此方式应用 Delphi 技术，建议选取九个历史样本，按三三分组，用两级 Delphi 的加权平均算法评估较容易得到合理的规模估值。

3. 专业估算方法

专业估算方法用于具有专业技术性质的信息工程项目评估。常用的专业评估方法有：软件工程的软件评估代码行估算、功能点估算、用例估算；信息管理系统的业务流程分析法。

（1）软件评估法

软件估算包括规模估算、工作量估算、进度估算、人员技术能力和成本估算。

首先，根据软件需求进行规模估算，预估软件开发的规模、功能点数或代码复杂度与代码量。

其次，根据开发团队的技术能力、开发生产率等经验数字，以及开发平台、具体项目复杂度来估算开发的工作量，通常以（人·日）、（人·月）

为单位体现。

然后，再根据客户提出的进度需求、软件规模、投入人员情况等制定项目工作进度。

最后，根据人员成本、其他成本进行项目成本估算。

可以说，软件估算的基础是经验模型。规模估算是一切估算的基础，工作量估算是最关键的环节，成本估算则因软件开发组织的不同而有明显差异。

在采用软件评估法进行工作量评估时应注意：

1）软件工程是一个过程，有其生命周期、阶段和步骤，也有总体规划、系统设计、程序编码、测试评价、交付实施等不同技术深度和不同脑力劳动复杂程度等可以明确界定的"生产"环节。此外，在劳动力成本评估方面，还涉及系统分析员、需求分析师、架构设计师、软件工程师、程序设计员、软件测试工程师和软件项目管理等不同层次和技术等级的人力资源和项目管理因素。因此，不能简单地仅用"重置成本法""收益现值法""现行市场法"等成本会计方法来进行价格或成本评估。

2）软件程序开发工程量评估流行的方法之一是以语句行 / 人·日为基本计算单元（代码行评估法），忽略了程序设计语言中，规范的基本标识符和标准语句格式的产品属性和价值归属问题，并不是非常合理的评估软件价格的方法。

3）软件评估技术的发展已经进入工程化阶段，软件开发是"大规模知识劳动"，因此，软件质量与价格评估应当与"知识"关联，采用知识管理的方法更为合理，以系统化的工程技术理论为基础来评估软件价值与价格更符合软件产业发展规律。

4）现行技术理论中，对软件企业的评估基本上采用CMMI——能力成熟度模型，CMMI是在CMM基础上的集成评价模式，是比较系统化并接近工程实施的方法论。CMMI认证级别分为5级，第5级为最高级别。软件企业的CMMI级别越高，其软件开发能力越强，成熟度越高，服务取费亦相对增高。

CMMI的评估方法采用的模型也可以用于对任何方法的评估结果之"成熟度"评估，以加强对评估结果的精度和可信度的评价。移植使用CMMI的评估方法时需要将成熟度评估项的内容更换为评估对象的能力或拟予评估的目标要素。

5）ISO 9000 标准系列也应当是评估工作参照遵循的规范。

（2）代码行估算法

软件设计完成的交付物（源代码）以高级程序设计语言的语句行为度量单位，以单位时间内编写的语句行数为生产率。

对交付的软件源代码进行统计，获得以代码行为计算单位的软件规模；以软件规模值与生产率的比值计算出软件开发设计的工作量。

评估代码行规模时应当注意：

1）注释行的数量计算；

2）程序设计语言规范的标准语句行的计算；

3）库函数调用量；

4）功能模块调用的重复频度。

（3）功能点估算法

功能点测算是在需求分析阶段，基于系统功能的一种规模估计方法。通过对初始应用需求分析来确定各种输入、输出、计算和数据库需求的数量和特性。通常的步骤是：

1）计算输入、输出、查询、主控文件和接口需求的数目；

2）将这些数据进行加权计算；

3）功能点估计者根据对复杂度的判断，总数可以用复杂度调整因子进行调整。

根据实际的评估样例分析发现，对单个软件产品的开发，功能点对项目早期的规模估计很有帮助。然而，在了解产品越多后，功能点便可以转换为软件规模测量更常用的代码行法。

（4）用例估算法

用例（Use Case），是需求分析报告标准规范的内容之一。在界定了输入 /输出及其关系表述之后，用样例说明输入与输出之间的传递过程和关系。

用例点估算（UCP）方法始见于 1993 年，用例点法的"用例"是为表述信息传递与交换过程中的角色关系和行为（场景）的一种方法。该方法主要应用于面向对象开发软件项目时进行软件规模及工作量估算，主要由以下5个步骤组成。

1）角色复杂度等级划分及计数；

2）用例复杂度等级划分及计数；

3）计算未平衡用例点数（UUCP）；

4）使用技术复杂度因子(Technical Complex Factor，TCF)和环境复杂度因子（Environment Complexity Factor，ECF）平衡 UUCP，得出 UCP；

5）估算项目开发工作量（Effort）：Effort = UCP × 生产率。

（5）业务流程分析法

机构组织或企业自身的工作业务通常按流程和报表形式实施管理。但流程和报表的设计常常是按照传统的管理要求设计和编制。

采用信息化改造传统业务管理与控制模式，以利改进管理效率、质量控制、实时采购、节能降耗、销售管控、客户管理等业务行为，在信息化改造工程中，需要按信息工程的理论、方法、技术、平台对原有业务流程和报表进行调整、修订或增补，这一流程再造的过程即"重组"，对业务流程重组的技术是流程分析技术。

采用流程技术分析法实施业务重组时，首先要对既定的业务流程进行梳理，分析既定流程的角色定位、业务操作序列、业务程序设定、业务管理体系等，找出不合理及可改进功能，然后优化原有流程，进行变更、改善、增补等性质的信息化改造。

流程分析法在分解流程业务环节直到一个可操作细节时。对所有改善的、修订的、增补的全部细节流程计数，并估算每一个细节流程的工程量，所有细节流程的工程量之总和即流程分析法的输出结果——流程型业务信息工程的工作量规模估算值。

业务流程法常见于"管理信息系统"建设项目。

管理信息系统构建的典型技术有 MRP Ⅱ（物料资源计划）、ERP（企业资源计划），ITIL（信息技术基础设施库）。这一类技术的基本模式都是"流程＋表单"，是对传统业务进行信息化重构的最佳实践。

相应于此类技术的平台软件基本上是需要大量技术含量较高的应用咨询服务的商用模块化套装软件。此类单项工程的造价，除商用套装软件的直接采购费用外，还有相应平台软件的应用实施过程中必然发生的咨询服务费用。因此，此类信息工程项目的造价是横跨商用套装软件、定制应用软件和咨询规划服务的综合类信息工程造价。

4. 组合估算方法应用

组合估算的应用有两个目的：

（1）用多种方法评估出多个可能不同的结果，再用规模估算统计技术（例如 Delph 技术、均值统计、正态分析等）确定最后的结论性意见；

（2）用一种评估方法所得的结果再用另一种评估方法验证其可用性。

按估算方法的两个大类可以有两种组合运用方式：

（1）通用估算法的组合运用

专家估算法、类比法、类推法的组合。

由于这三种方法都具有基于"经验"的属性特征，故可以用三种方法分别得出估算结果并进行交叉验证，使估算的结论更趋近合理，可信度更好。

（2）通用估算与专业估算的组合运用

专家评估法／类比法／类推法与代码行评估法，或功能点评估法，或用例点法的组合运用，是软件工程度量评估的常用作法。

采用此类组合评估时，代码行评估法，或功能点评估法，或用例点法评估的结果用专家评估法／类比法／类推法评估结果进行相互参照或修正，从而确定最终的估算结论。

第六章 费用构成及计价

信息工程建设项目总费用是在参照目前国家和行业有关信息化建设项目工程造价构成的相关规定和成熟模式，同时兼顾信息技术项目特点而设置的，其费用由工程费用（包含信息人工费、建筑安装工程费、软硬件购置费）、信息工程其他费、预备费、建设期贷款利息构成。

信息工程建设项目各项费用的组成如图6-1所示。在编制信息工程造价时，此组成模式可作为取费参考。

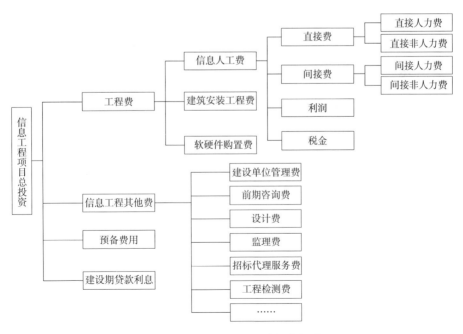

图 6-1　信息工程项目总投资组成

一、信息工程项目费用构成

1. 信息人工费构成

信息人工费包括信息工程中信息规划与咨询、系统集成、软件开发、运维服务、信息安全等项目的费用。其费用由直接费、间接费、利润和税金构成。

（1）直接费

直接费是指各类单项工程实施过程中发生的与其直接相关的费用。直接费包括直接人力费和直接非人力费。

1）直接人力费

直接人力费是指在项目实施过程中需要支付给直接从事项目工作的项目组成员的费用，包括人员的工资、社保规费、奖金、福利等费用。

因不同项目的需要，项目组人员类型包括有：项目管理人员、项目咨询人员、软件开发人员、软件实施人员、系统集成人员、运营维护人员、质量保证人员、配置管理人员等。

因人员性质不同，可分为在职人员、外包人员。

2）直接非人力费

直接非人力费是指因项目实施而直接产生的非人力费用，如开发方为研发此项目而需特殊采购专用资产（不含在项目的软硬件采购费用中的）或服务的费用，如专用设备费、专用软件费、技术协作费、专利费等。

（2）间接费

间接费是指企业因项目实施而分摊到项目中的各项间接费用。间接费包括间接人力费和间接非人力费。

1）间接人力费

间接人力费是指企业分摊到项目中的非项目组人员的人力资源费用，包括企业管理、行政、后勤人员，项目管理办公室、工程过程组、产品规划、组织级质量保证、组织级配置管理等人员的工资、社保规费、奖金、福利等费用在项目中的分摊。

2）间接非人力费

间接非人力费是指企业服务于经营活动的非人力费用的分摊，包括企业办公、管理层及项目的差旅、企业基础设施建设、固定资产折旧、各项公用开发平台、通用工具设备购买等费用的分摊。

（3）利润

利润指信息化项目承建方或服务商完成所承包项目而获得的盈利。

（4）税金

税金是指按国家税法规定应计入各类单项工程费内的各项税费。

2. 建筑安装工程费

信息工程中的建筑安装工程费计算执行《住房城乡建设部　财政部关于印发〈建筑安装工程费用项目组成〉的通知》（建标 [2013]44 号）的规定，按费用构成要素划分为人工费、材料费、施工机具使用费、企业管理费、利润、规费、税金；按造价形成划分为分部分项工程费、措施项目费、其他项目费、规费和税金。

3. 软硬件购置费

软硬件购置费是指信息工程建设项目中，各类工程建设所需购置的构成工程实体的软件产品、硬件设备的费用。

（1）软件产品购置费

软件产品购置费是指各类信息工程中所需的软件产品，如系统软件、商用（套装）软件、中间件的采购费用。

软件的交易价格包括三个基本部分，即：软件产品基本单价；以用户数为自变量的版权附加费；使用年限为自变量的附加费。

附加费用的计算费率因软件开发 / 供应商不同而有差异，计算软件工程部分的价格时，应了解订购软件的计费方式和附加费构成方式。

各类软件产品应根据设计方案所选型的品牌（版本）、功能与非功能需求、许可用户数、售后服务要求等指标，并按以下三种方式综合确定购置费用：

1）参考国家或地区公布的信息产品指导价格；

2）参考以往项目采购价格；

3）通过行业市场询价。

对于同一种产品，因产地、供应渠道不同而出现几种价格时，其综合价格可按其供应量的比例加权平均确定。

对于需要计费的自产软件，参照市场同类产品的价格进行定价或按其研发费用结合预期销售量合理定价。

（2）硬件设备购置费

硬件设备购置费是指各类信息工程中所需的硬件设备或设施，如网络设备、服务器、存储设备、终端设备、信息安全设备、智能化设备、自动化设备、机房设备等及其所附带的配套软件的采购费用。

各类硬件设备应根据设计方案中的技术参数、配置、售后服务要求所选型的品牌、型号等指标，按以下三种方式综合确定购置费用：

1）参考信息产品指导价格；

2）参考以往项目采购价格；

3）通过行业市场询价。

对于同一种产品，因产地、供应渠道不同而出现几种价格时，其综合价格可按其供应量的比例加权平均确定。

大宗硬件设备购置费，除设备价格，还包括设备购置时发生的手续费、包装费、运杂费、采购及保管费、运输保险费等附加费用。其计价方法与取费标准参照《电子建设工程概（预）算编制办法及计价依据》HYD41—2015执行：

1）设备购置费 = 设备原价 + 运杂费 + 运输保险费 + 采购及保管费

2）设备原价 = 设备价格 + 包装费 + 手续费

3）运杂费 = 设备原价 × 运杂费费率

4）运输保险费 = 设备原价 × 保险费费率

5）采购及保管费 = 设备原价 × 采保费费率

4. 信息工程其他费用

信息工程的工程建设其他费用通常包括：建设单位管理费、建设项目前期咨询费、工程设计费、招标代理服务费、工程监理费、工程检测费、其他费用（以上费用如不发生则不需计列）。根据国家发展改革委关于《进一步放开建设项目专业服务价格的通知》（发改价格 [2015] 299 号）规定，对建设项目前期工作咨询费、工程勘察设计费、招标代理费、工程监理费等专业服务价格，实行市场调节价。

（1）建设单位管理费

建设单位管理费是指建设单位从项目开工之日起至办理竣工财务决算之日止发生的管理性质的开支，包括工资性支出、社会保障费支出、办公费、差旅费、劳动保护费、工具用具使用费、施工现场津贴、竣工验收费和其他管理性质开支等。

建设单位管理费实行总额控制，分年度据实列支，建设单位管理费的总额以项目审批部门批准的项目投资总概算为基数，并按投资总概算的不同规模分档计算。建设单位管理费参照财政部《关于印发〈基本建设项目建设成本管理规定〉的通知》（财建 [2016]504 号）相关规定执行。计算公式为：

$$建设单位管理费 = 建设单位管理费计费额 \times 费率$$

（2）前期咨询费

前期咨询费是指在建设项目前期工作中，建设单位自身或聘请专业的咨询公司进行项目专题研究、编制和评估项目建议书、可行性研究报告以及其他与项目前期工作有关的咨询服务费用。

前期咨询费实行市场调节价，此项费用可以参照国家计委关于印发《建设项目前期工作咨询收费暂行规定》（计价格 [1999]1283 号）的通知，根据复杂程度调整系数、专业调整系数等计算。计算公式为：

$$前期咨询费 = 前期咨询费计费额 \times 费率 \times 复杂度（专业）调整系数$$

（3）设计费

设计费指对信息工程项目进行详细调研、设计所发生的费用，工程设计通常包括总体设计（含架构设计）、初步／方案设计、详细设计（含模块设计、施工图设计）。

设计费实行市场调节价，此项费用可以参照国家计委、建设部关于发布《工程勘察设计收费管理规定》（计价格 [2002]10 号），根据复杂程度调整系数、专业调整系数等计算。计算公式为：

$$设计费 = 设计费计费额 \times 费率 \times 复杂度（专业）调整系数$$

（4）监理费

监理费指在信息化建设项目的新建、升级和改造中，建设单位聘请具有监理资质的第三方机构对信息化建设项目进行监理所需的费用。监理服务是专业性很强的技术性服务工作，取费应体现"优质优价、合理计取、难易有别、分段计取"的原则。

监理费实行市场调节价，此项费用可以参照国家发展改革委、建设部关于印发《建设工程监理与相关服务收费管理规定》的通知（发改价格 [2007]670 号）或信息产业部《信息系统工程监理与咨询服务收费标准》的规定计算。计算公式为：

$$监理费 = 监理服务计费额 \times 费率 \times 复杂度（专业）调整系数$$

（5）招标代理服务费

招标代理服务费指建设单位委托招标代理机构，从事编制招标文件、组织招标活动等业务所需的费用。招标代理服务分为货物招标、服务招标和工程招标三类。

招标代理服务费实行市场调节价，此项费用可以参照国家发展改革委关于《降低部分建设项目收费标准规范收费行为等有关问题》的通知（发改价格 [2011]534 号）。计算公式如下：

$$招标代理服务费 = 招标代理服务费计费额 \times 费率 \times 复杂度（专业）调整系数$$

（6）工程检测费

工程检测费指建设单位委托第三方检测机构进行工程检测所需的费用。

工程检测费参照检测行业市场收费。

（7）其他费用

其他费用指以上未涉及的，但根据项目实际需要考虑的费用，如工程造价咨询费用、信息工程后评价费用、工程保险费用等。

其他费用参考行业市场收费。

5. 预备费

预备费包括基本预备费和价差预备费。

基本预备费是指项目建设过程中可能发生的难以预料的费用支出，如工程设计变更或施工过程中增加工程量所增加的费用。计算公式为：

基本预备费 ＝（工程费用 ＋ 信息工程其他费用）× 基本预备费费率

信息化建设项目预备费的计取参照国家相关规定和行业惯例，基本预备费取费标准参考表6-1。

基本预备费取费标准　　　　　　　　　　　　　　表 6-1

项目阶段	项目建议书阶段	可行性研究阶段	初步设计阶段
基本预备费	按总投资额的 10% ～ 12% 计取	按总投资额的 8% ～ 10% 计取	按总投资额的 4% ～ 8% 计取

价差预备费是指项目建设过程中由于物价、原料价格上涨、汇率、利息变化等因素影响而需增加的费用。

价差预备费则根据国家规定的投资总额和价格指数，按估算年份价格水平的投资额为基数，采用复利方法计算。计算公式为：

$$PF = \sum_{t=1}^{n} I_t \left[(1+f)^m (1+f)^{0.5} (1+f)^{t-1} - 1 \right]$$

式中：PF——价差预备费；

n——建设期年份数；

I_t——建设期第 t 年的投资计划额（工程费用 + 工程建设其他费用 + 基本预备费）；

f——年涨价率（政府部门有规定的按规定执行，没有规定的由可行性研究人员预测）；

m——建设前期年限（从编制投资估算到开工建设，单位：年）。

6. 建设期利息

建设期利息主要是指在建设期内发生的为工程项目筹措资金的融资费用及债务资金利息。

二、信息人工费计价办法

信息化建设项目中，除软硬件购置和基础设施建设外，其余投入以人工消耗为主。人工费的计算通常按"工作量 × 人工单价"的计价方式，其中项目的工作量可经过任务分解后，根据项目经验，采用类比、类推或者应用各种工作量评估模型或方法进行评估。而人工单价则需要设定相应的取值标准。

根据实际项目的使用情况，对不同细化程度的人工单价标准的定义可以划分为"标准人工单价"和"基准人工单价"，两者的适用情形如下。

如果工作量估算结果输出为项目总工作量（如总人·日数或总人·月数），则采用"标准人工单价"方式计价，计算公式为：

项目总人工费用 = 项目总工作量 × 标准人工单价（即不划分人员级别或类型）

如果工作量估算结果输出为各个项目阶段不同人员的工作量时，则采用"基准人工单价"方式计价，计算公式为：

项目总人工费用 =
$\sum$ [各阶段不同人员的工作量 × 基准人工单价（即分角色的人工费用标准）]

根据对"标准人工单价"和"基准人工单价"两者的内涵和构成的分析，有关两者的逻辑关系如图 6-2 所示：

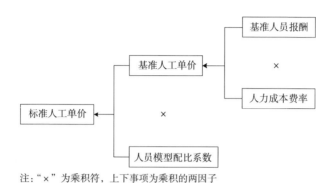

注："×"为乘积符，上下事项为乘积的两因子

图 6-2 信息化建设项目"标准人工单价"和"基准人工单价"逻辑关系

1. 基准人员报酬

对不同信息化建设项目人员进行分类分级后，基准人员报酬的计算应通过市场调查，根据工程项目的技术要求，参考政府人力资源和社会保障部门发布的人员工资指导数据，依基准人员角色的报酬取值。

2. 人力成本费率

（1）人员费用的构成

信息化建设项目中的人员费用，不仅包括直接的人工成本，还包括折算到人员费用中的企业的其他支出、利润和税金。根据信息化建设项目的费用构成特点和对 IT 企业人工成本构成的分析，有关人员费用的基本构成可规范见表 6-2。

人员费用构成　　　　　　　　　　　　　　　　表 6-2

序号	人员费用构成项		说明
1	直接人工成本	人员报酬	指企业支付给员工的劳动报酬（包括实得工资、奖金、各种补贴、企业为个人代缴的个人所得税及公积金、社保金个人缴纳部分）
2		人员社保规费	指企业需要为员工交纳的五险一金，包括养老保险、医疗保险、工伤保险、生育保险、失业保险、公积金

续表

序号	人员费用构成项		说明
3	直接人工成本	人员福利	企业支付给员工的过年过节的一些物质奖励和基本福利
4		人力资源储备	企业人员流动、人员储备及人员的休假、学习、培养、知识更新等所需费用
5	间接费用分摊	企业管理费	企业办公(办公场地、水电物业、通信、办公用品消耗等)、各种业务招待、管理层及项目差旅等费用的分摊；企业基础设施建设、固定资产折旧、各项开发平台、开发工具、设备的购买等费用的分摊
6		管理人员费用	公司管理层，部门管理层，人力资源、行政、财务等人员的费用分摊
7	利润与税金	国家税收和企业利润	企业正常经营获得的利润和需要缴纳的税费

（2）人力成本费率指标

人力成本费率是企业投入每一人员的总费用对应该人员实际获取报酬的倍率。

人力成本费率指标根据以上人员费用构成关系，按照社会平均水平测算。

例如，信息化项目人员报酬为基数 B，则：

$$信息化项目人工费用 = B \times 人力成本费率$$

3. 基准人工单价的计取

将基准人员角色的人工单价定义为基准人工单价，其他角色的人工单价以基准人工单价乘以相应级别的换算倍率计取。基准人工单价的计算公式：

$$基准人工单价 = 基准人员角色的报酬 \times 人力成本费率$$

4. 人员配比模型系数

根据模型分析与测算方法，通过对项目不同人员角色分级关系和工作量占比，以加权平均规模方法计算，提出标准人工单价对应于基准人员角色单价的人员配比模型系数值。此类模型系数的指标数据示例参见表6-3。

对应于基准人员角色的人员配比模型系数　　　表 6-3

项目类型	规划与咨询	软件实施	软件定制开发	运营维护
人员配比模型系数	1.53	1.57	1.36	1.25

5. 标准人工单价的计取

标准人工单价的取值依据各类信息化项目的基准人工单价和工作量配比形态测算。标准人工单价的计算公式：

$$标准人工单价 = 基准人工单价 \times 人员配比模型系数$$

三、信息工程费用计价模式与基本原则

1. 人员分类与分级规范

信息化建设项目的人员构成因项目类型不同存在差异，在对人员费用标准的测算之前，有必要对项目人员角色进行分类和分级，从中确定基准人员角色作为人工取费标准的基准对象。

目前行业信息化建设项目的人员主要按技术层级和角色能力差异构建分级模式，结合信息化建设项目的特点，综合设定不同信息化项目类型人员角色的分类和分级。

表 6-4~ 表 6-7 所示为信息工程各类项目人员的分类与分级标准值的参考样例数据。

规划与咨询类项目人员分类与分级标准　　　表 6-4

序号	人员类型	换算倍率	角色和任务
1	项目总监 / 资深咨询顾问	3	部门经理、总监 / 业务分析、架构设计、行业专家
2	项目经理 / 高级咨询顾问	2	项目管理 / 架构设计、业务分析、系统分析
3	咨询顾问 / 质量保证工程师	1	业务分析、系统分析 / 质量保证工程师
4	配置管理	0.8	版本管理
5	助理咨询顾问	0.5	文档及辅助

商用（套装）软件实施项目人员分类与分级标准　　　　表 6-5

序号	人员类型	换算倍率	角色和任务
1	项目总监	3	部门经理、总监、行业专家
2	资深顾问	2.5	业务分析、架构设计
3	项目经理 / 高级顾问	2	项目管理 / 架构设计、业务分析、系统分析
4	软件实施顾问	1.5	业务分析、系统分析
5	软件实施工程师 / 质量保证工程师	1	软件测试、软件部署 / 质量保证工程师
6	配置管理	0.8	版本管理
7	助理工程师	0.5	文档及辅助

应用软件定制开发类项目人员分类与分级标准　　　　表 6-6

序号	人员类型	换算倍率	角色和任务
1	项目总监	3	行业专家
2	项目经理 / 需求分析	2	项目管理 / 业务顾问、系统架构师、设计师
3	高级程序员	1.5	高级测试工程师
4	程序员 / 质量保证工程师	1	实施工程师、测试工程师 / 质量保证工程师
5	配置管理	0.8	版本管理
6	助理工程师	0.5	文档及辅助

运营维护类项目人员分类与分级标准　　　　表 6-7

序号	人员类型	换算倍率	角色和任务
1	总监 / 运维经理	3	项目总监、服务总监、运营总监 / 资深运维工程师、专业技术经理、IT 服务规划师、高级安全顾问
2	高级运维工程师	2	IT 服务管理师、高级技术支持工程师、安全顾问
3	中级运维工程师	1.5	系统级运维人员、中级技术支持工程师、IT 服务值班长、信息安全工程师
4	运维工程师 / 质量保证工程师	1	驻场运维服务人员、技术支持工程师、信息安全助理 / 质量保证工程师
5	配置管理	0.8	版本管理
6	服务台	0.5	资产管理专员、文档及辅助

计算举例:"换算倍率"为不同人员费用的倍差,如表 6-6 中程序员的人天费用为 1500 元,则项目总监的人天费用为 1500 × 3=4500(元)。

2. 地区差异的界定与确认原则

信息化项目应结合项目所属区域的经济水平,采用调整系数的方法来平衡人工及管理费等的地区差异。计算公式如下:

$$信息人工费 = 人工费计算基数 × 区域调整系数$$

3. 知识产权型项目的计价原则

涉及知识产权项目的计价事项包括:

1)所有商品化软件产品。

2)工具软件的使用权,区分单用户 / 定量用户 / 不限用户数。

使用权计价原则:许可证单价;安装用户数基准价。

3)二次开发要求开放的原型产品细节的取费。

此项取费应注意区分应用产品二次开发的原始知识产权计价和为二次开发开放的局部知识产权计价,两者的计费额度有很大差异。

4. 人力资源的计价原则

以人员工资的官方公告指标作为计价基数的原则;

对人力资源采用分类、分级、分区复合计价的原则;

人力资源计价基数的年度修正量应尽可能参照当地政府人力资源部门公告系数测算。

5. 估算、概算、预算的偏离度区间测算依据

估、概、预算偏离度指标范围要根据对工程造价估概预算阶段偏差的精度要求而定,一般是在(±30% ~ ±5%)之间,偏离度指标范围越小表示要求估、概、预算值与实际值的偏差越小。

投资估算阶段，其允许误差 ±30%~±10% 之间。

投资概算阶段，其允许误差 ±10%~±5% 之间。

投资预算阶段，其允许误差 ±5%~±3% 之间。

结算阶段，其允许误差小于 ±3%。

AACE-I（International Advanced Association of Cost Engineering，国际工程造价促进会）费用估算分级推荐实践是典型的费用测算偏差范围统计模型的样例，可作为估、概、预算偏离度指标范围选定的参考模型，如图 6-3 所示。

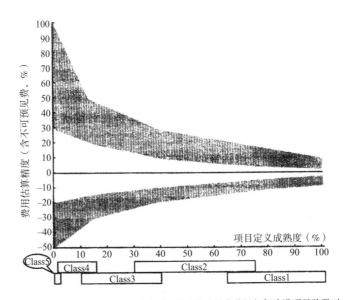

注：本图引自《EPC 项目费用估算方法与应用实例》。其中的成熟度分级相似建设项目阶段对应的估、概、预、结、决算等，反映建设项目进程的成熟度

图 6-3 AACE 推荐费用估算分级

四、信息工程项目计价

信息工程项目计价包含信息工程咨询类项目计价、软件工程类项目计价、信息工程基础设施类项目计价、信息技术服务类计价等，其中：

信息工程咨询类和软件工程类以人工费用计价方式和规则计算；

基础设施类采用建安工程计价方式和规则计算；

信息技术服务类按不同服务类型分别计算。

1. 信息工程咨询类项目计价

信息工程咨询类项目的人工费用，根据规划与咨询项目的工作量估算结果，对项目任务按阶段划分，按每阶段所需投入的人员类型、工作量及相应的人工单价进行计价。其计算公式如下：

$$咨询类项目费 = 项目总工作量 \times 标准人工单价$$
$$或 = \sum（各阶段不同人员的工作量 \times 基准人工单价）$$

2. 软件工程类项目计价

根据应用软件定制开发项目的工作量估算结果，对开发任务按阶段划分，根据每阶段所需投入的人员类型、工作量及相应的人工单价进行计价。其计算公式如下：

$$软件工程费 = 项目总工作量 \times 标准人工单价$$
$$或 = \sum（各阶段不同人员的工作量 \times 基准人工单价）$$

3. 信息工程基础设施类项目计价

信息工程基础设施类项目包括综合布线工程、机房工程、建筑智能化工程、自动化监控工程等物理环境和基础设施建设部分。其中布线、机房、智能化、自动化等专业工程可归属于建安工程，按照相应专业的建安工程定额计价办法计价。

个别省市如同时存在地方定额和行业定额的情况，一般优先执行地方定额，不足部分执行行业定额。

4. 信息技术服务类项目计价

（1）信息系统集成计价

信息工程项目建设期中的信息系统集成是指针对信息系统的软件、硬件、数据和技术的集成及系统调试、测试等服务。信息系统集成工作是以人员技术能力和智力服务为主，实施的工作量与系统集成的设备类型、设备数量、系统环境、系统复杂度、技术成熟度等多方因素有关。由于影响系统集成工作量的因素较多，部分子项工作量缺少量化指标，一般是参照行业市场报价的惯例，常采用系统集成费费率或人工费的方式计价。计算公式如下：

$$系统集成费 = 软硬件购置费 \times 系统集成费费率$$
$$或 = 项目总工作量 \times 标准人工单价$$
$$或 = \sum（各阶段不同人员的工作量 \times 基准人工单价）$$

有关信息系统集成取费费率的参考标准以当前行业市场取费情况为主，以资产规模分档按比例取费，其取值指标可参考表 6-8。

按资产规模分档计费的系统集成费费率标准　　　　表 6-8

软硬件购置费	50 万以下	200 万	500 万	1000 万	2000 万	5000 万	5000 万以上
系统集成费费率	20%	15%	12%	10%	8%	5%	按不超过 5% 计

（2）信息系统运行与维护计价

1）运营支持服务

运营支持服务指提供面向用户的、满足日常业务运营必需的 IT 运营支持服务，其服务费用通常按照所提供服务的人数和时间计算。运营服务是以人力资源投入为主的项目，根据不同的运营支持服务需求，对人员及服务时间进行估计，编制项目预算，最后按实际投入的人员和服务时间结算费用。项目费用的估算按项目所需投入的人员类型、工作量及相应的人工单价进行计价。其计算公式如下：

$$运营支持服务费 = 项目总工作量 \times 标准人工单价$$
$$或 = \sum（各阶段不同人员的工作量 \times 基准人工单价）$$

2）维保技术支持服务

维保技术支持服务指为各类 IT 基础设施和应用系统提供相关的维护保修服务，以保障各类系统的软件和硬件设备能够正常运行。参考行业市场取费惯例，质保期内的维保服务通常含在购买产品价格中；过保后的服务费以所维护支持的软件、硬件系统的原值为基数按一定的费率取费。根据不同类型的信息化资产维保费费率计算维保费用，其计算公式如下：

$$各类资产维保费用 = 各类资产原值 \times 维保费费率$$

对于需要另外聘请专业厂商提供服务的资产维保，可按购买原厂商服务方式计费，如大型数据库 Oracle、DB2 等。

随着运维工作的逐年开展，维保成本会随着运维工作逐渐成熟而降低，因此维保费率的计取可参考相关行业的市场行情，其取费标准可参考表 6-9。

不同类型资产的维保费取费标准　　　　表 6-9

资产分类	维保费费率	备注
网络设备	5%~8%	含交换机、路由器及配件
主机系统	7%~10%	含操作系统
存储系统	8%~10%	含存储设备及存储介质
安全系统	8%~10%	含 IDS（入侵检测）、防火墙、审计软件等
机房环境设备	5%~8%	含机房 UPS、空调、弱电、强电、消防等
视频监控系统	5%~8%	含视频会议、监控设备、大屏幕设备、传输设备等
PC 及外围终端设备	5%~8%	含桌面 PC、笔记本、手机、平板电脑等

续表

资产分类	维保费费率	备注
数据库软件	见注	如：Oracle、DB2 等
中间件、商用套装软件	见注	如：SAP、BI 等

注：对于目前常用的数据库软件、中间件和商用套装软件（如 Orcale、SAP、BI 等）由于专业性比较强，往往需要原厂商或专业代理商提供维保服务，因此，对该类资产和其他有涉及需要聘请原厂商服务的事项按原厂商实际报价计取并单列。

在参照前面维保费率取费标准的基础上，可根据单位的资产使用年限和服务级别，参照表 6-10、表 6-11 的调整系数计算最终的维保费用。

系统维保费资产使用年限调整参数　　　　表 6-10

资产使用年限	3 年（含）以内	3 年以上
调整参数	1	1.2

系统维保费服务受理响应级别调整参数　　　　表 6-11

服务级别	5×8 小时	7×24 小时
调整参数	1	1.2

（3）信息安全专项服务

信息安全专项服务指为保障信息系统的安全，提供符合国家信息安全标准要求的各类信息安全专项服务，其服务费用通常按照所提供服务的人数和时间计算，可按照相关服务的次数或内容收取费用，也可以按照信息安全工程建设费用的一定比率收取费用。

信息安全专项服务根据项目所需投入的人员类型、工作量及相应的人工单价或按照一定比率进行计价。其计算公式如下：

$$信息安全专项服务费 = 项目总工作量 \times 标准人工单价$$
$$或 = \sum（各阶段不同人员的工作量 \times 基准人工单价）$$
$$或 = 信息安全工程建设费用 \times 比率$$

第七章 信息工程造价概要

建设工程造价分为估算、概算、预算、结算、决算，本章介绍的信息工程造价聚焦于信息工程概算、信息工程预算、信息工程结算，分别从信息工程造价编制依据、造价文件内容等方面进行阐述。

一、信息工程概算

概算的编制一般是在前期咨询阶段，此时需求说明尚不明确，只能大概描述信息工程的目标、内容、范围、规模，这个阶段信息工程造价只是对预计实现功能投资的预估，信息工程概算依据立项建议书、可行性研究技术设计方案及用户需求分析报告等，对信息工程总投资及其构成进行的概要计算。

信息工程概算是投资决策和编制年度计划的依据，是编制信息工程预算的依据，是衡量设计方案经济合理性和完善详细设计方案的依据，是考核信息工程项目投资效果的依据。

1. 信息工程概算编制依据

信息工程概算编制依据包括国家、行业和地方政府有关工程建设和造价管理的规定、立项建议书、可行性研究技术设计方案、用户需求分析报告、类似项目的各种技术经济指标和参数等资料。

2.信息工程概算文件内容

（1）封面及目录；

（2）扉页：主要包括项目编制单位的编制人、核对人、审定人、法定代表人或其授权人、单位资质证书等；

（3）概算编制（审核）的结果及意见；

（4）编制说明：主要包括工程概况、编制范围、编制依据、编制方法、主要技术经济指标、有关问题的说明；

（5）信息工程概算表：主要包括信息化项目总概算表、软件产品购置费用表、硬件设备购置费用表、规划与咨询项目费用表、商用（套装）软件实施项目费用表、应用软件定制开发项目费用表等。

二、信息工程预算

信息工程预算一般是在设计、实施阶段编制，是对建设单位功能需求理解的基础上，重点将建设单位的需求转化为信息工程建设方案（例如软件开发方案、系统集成方案等），并根据建设方案测算系统架构工程师、模块架构工程师、程序设计工程师等关键人力资源岗位的工作量及对应的单价指标，形成最终的信息工程预算。

信息工程在设计阶段，建设单位对自身的需求不能完整地表述，导致设计方案具有不确定性，尤其是涉及信息技术应用平台设计及业务流程梳理和重构工程，工作任务和工作量变动时有发生，因此信息工程预算编制时有必要考虑适当的偏离度。在信息工程实施过程中，建设单位可以委托信息化专业咨询单位或监理单位完成相应的工作。

信息工程预算在信息工程建设中发挥着十分重要的作用，是实施方投标报价的基础、业主方确定合同价款、拨付工程进度款及办理工程结算的基础、造价咨询单位的工作业绩，准确的预算有利于业主方控制投资，有利于工程项目的管理、建设过程的监督。

1. 信息工程预算编制依据

信息工程预算比概算更接近建设工程的实际造价，严格执行国家、行业和地方政府有关工程建设和造价管理的规定、详尽的需求规格说明书、信息工程建设方案、软硬件设备（产品）供应合同、价格及相关说明书。

信息工程预算应结合拟建工程的实际，反映工程当期价格水平，完整、准确地反映设计内容等要求进行编制。

2. 信息工程预算文件内容

（1）封面及目录；

（2）扉页：主要包括项目编制单位的编制人、核对人、审定人、法定代表人或其授权人、单位资质证书等；

（3）预算编制（审核）的结果及意见；

（4）编制说明：主要包括工程概况、编制范围、编制依据、编制方法、主要技术经济指标、有关问题的说明；

（5）信息工程预算表：主要包括信息化项目总预算表、软件购置费用表、硬件购置费用表、规划咨询费用表、商用软件费用表、定制开发软件费用表等。

三、信息工程结算

信息工程结算是按照合同规定的内容，全部完成所承包的工程并经有关部门验收质量合格，在信息工程预算的基础上，考虑实际实施过程中出现的工作内容变化、规模变化等导致的费用增加（减少），结算形成的价格是信息工程的最终交易价格。

信息工程结算价款包括合同价款、新增项价款、变更价款、洽商价款、其他价款等。由于信息工程的需求容易发生变化，新增项和变更价款是信息工程结算的重要内容，是控制信息工程结算的重点。

信息工程结算是业主单位与实施单位对工程价款的确认；是工程款最终支付的重要依据；是实施单位考核工程成本，进行经济核算的依据。

1. 信息工程结算编制依据

（1）合同及其补充协议；

（2）工程需求变更与说明；

（3）工程新增项与说明；

（4）招投标文件；

（5）国家、行业和地方政府有关工程建设和造价管理的规定；

（6）软硬件明细表；

（7）工程的计划工期和实际工期；

（8）工程质量计划目标和工程验收报告；

（9）有关工程造价调整的有效证明文件。

2. 信息工程结算文件内容

（1）封面及目录；

（2）扉页：主要包括项目编制单位的编制人、核对人、审定人、法定代表人或其授权人、单位资质证书等；

（3）结算编制（审核）的结果及意见；

（4）编制说明：主要包括工程概况、编制范围、编制依据、编制方法、主要技术经济指标、有关问题的说明；

（5）信息工程结算表：主要包括信息化项目总结算表、软件产品购置费用表、硬件设备购置费用表、规划与咨询项目费用表、商用（套装）软件实施项目费用表、应用软件定制开发项目费用表等。

四、信息工程造价编审流程

信息工程造价编审业务包括信息工程项目的投资估算、概算、预算、结算、竣工决算、信息工程招标标底、投标报价等的编制和审核。信息工程造价编审流程即为了提高信息工程造价的管理水平、规范信息工程编审的操作程序、明确信息工程造价人员的工作职责、保证信息工程造价成果的质量和效果而制定的信息工程造价业务流程。

　　信息工程造价编审流程一般由准备阶段、实施阶段、终结阶段三个阶段构成。准备阶段包括签订业务合同、制订编审实施方案、配置编审业务操作人员、资料的收集整理等工作；实施阶段包括文件编制、文件校核、文件整理汇总、文件复核、形成初步成果文件以及成果文件审核等工作；终结阶段包括成果文件签发、成果文件提交和成果文件归档等工作。信息工程造价编审流程如图 7-1 所示。

　　在进行信息工程造价编审业务时，须严格执行国家相关法律、法规和有关制度，认真恪守职业道德、执业准则，依据有关执业标准和规范公正、独立地开展编审工作；编审流程应做到程序化、规范化，编审资料必须保证完整。

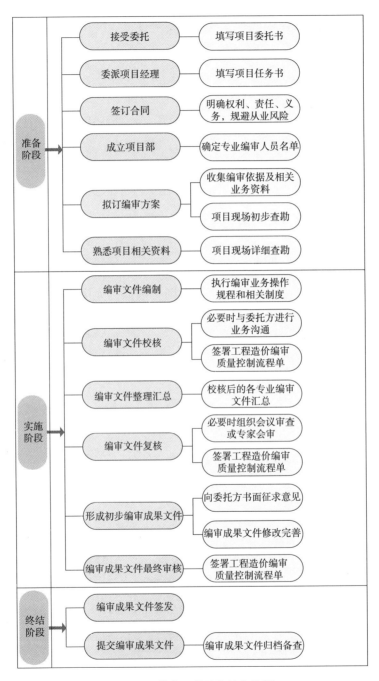

图 7-1　信息工程造价编审流程

第八章 附　则

一、边界值取舍规定

以指标方式给定的计价与取费参数存在区间边界时，计价与取费的确定取值按以下规定执行。

（1）给定数值的边界值上限是计价与取费的最大值，计价或取费值只能向下取值；

（2）给定数值的边界值下限是计价与取费的最小值，计价或取费值只能向上取值；

（3）仅给定边界值上限时，计价或取费值可等于边界值或小于边界值；

（4）仅给定边界值下限时，计价或取费值只允许大于边界值；

（5）给定边界为区间值时，计价或取费值允许在区间内取值。

二、浮动取值规则说明

以浮动取值方式给定的计价与取费基数是可调整幅度的参数，对浮动取值参数的确定按以下规定执行。

（1）调整幅度以系数方式给定时，调整幅度是一个规范的定值，浮动区间可以按系数计算，也允许不浮动；

（2）调整幅度以百分比方式给定时，调整幅度是一个可调值，但只允许在给定百分比值向下浮动。

三、造价编制格式化表单

本《指南》在附录中列举了信息工程造价的主要取费项目造价表单格式，供信息工程项目取费和编制造价时参考。

第九章　信息化工程项目造价实例

　　某公司为提升业务的信息化应用与管理水平，需对公司信息化总体方案设计，针对公司业务流程特点而需定制开发的应用软件，以及系统运行所需的服务器与网络等IT基础设施的建设。请根据如下内容，计算项目的各项费用。

　　（1）咨询规划

　　咨询规划项目主要为人员的投入，根据初步的需求分析和项目类比对项目各类人员的工作量按照任务分解法进行估算（表9-1）。

表 9-1

序号	任务名称	三种估算			预期工作时间（日）	人员类型					工作量（人·日）
		最乐观（A）（日）	最可能（M）（日）	最悲观（B）（日）		资深咨询顾问	项目经理	高级咨询顾问	咨询顾问	助理咨询顾问	
1	前期工作										19
1.1	前期筹备	2	3	3	3	3					9
1.2	项目工作计划编制	1	2	2	2	2					4
1.3	启动会准备	2	2	2	2	1					2
1.4	启动会召开	1	1	1	1	2		1	1		4
2	信息化现状分析										
2.1	部门访谈	7	8	13	8	2		1	1		32
2.2	纪要整理	10	10	10	10	1		1			20

续表

序号	任务名称	三种估算			预期工作时间（日）	人员类型					工作量（人·日）
		最乐观(A)（日）	最可能(M)（日）	最悲观(B)（日）		资深咨询顾问	项目经理	高级咨询顾问	咨询顾问	助理咨询顾问	
2.3	资料调阅与分析	50	70	90	70	1		1	0.5		175
2.4	信息化现状报告	2	3	5	3			1	2		9
3	信息化架构蓝图设计										510
3.1	架构规划目标设定	2	4	6	4		1	1			8
3.2	架构规划原则设定	2	3	5	3		1	1			6
3.3	总体架构初步设计	70	80	120	85		1	4	1		510
4	总体设计汇编	15	18	20	18		1	3	1	1	107
5	总体设计评审报告	10	12	15	12		1	2	1		49
	合计					114	222	518	166	27	1046

针对以上数据，结合实施方的人工基准单价的相关标准，编制咨询项目费用清单如表9-2。

表9-2

序号	人员类型	工作量（人·日）	人工单价（元/（人·日））	小计（元）
1	资深咨询顾问	114	4977	567378
2	项目经理	222	3318	736596
3	高级咨询顾问	518	2489	1289302

续表

序号	人员类型	工作量（人·日）	人工单价（元/（人·日））	小计（元）
4	咨询顾问	166	1659	275394
5	助理咨询顾问	27	1327	35829
6	合计		2904499	

（2）应用软件定制开发

应用软件定制开发项目的各功能模块经快速功能点方法评估后总工作量合计约为326人·日。针对以上数据，结合定制开发实施方人工费标准单价为2000元/（人·日），计算该软件项目的总开发费用如下：

$$软件项目的总开发费用 =326×2000= 652000（元）$$

（3）系统集成

该项目的 IT 基础设施建设包括对服务器、存储设备、网络设备、安全设备的系统集成，各类系统集成设备（含配套软件）的购置费用合计见表9-3所示。

表 9-3

序号	项目名称	金额合计（万元）
1	服务器	46
2	存储设备	64
3	网络设备	68
4	安全设备	38

针对以上数据，集成费用相关取费标准，计算该项目基础设施建设中系统集成费用如下：

$$系统集成软硬件购置费 =46+64+68+38=216（万元）$$

$$系统集成费用 =30+[(216－200)/（500－200)]×（60－30）=31.6（万元）$$

（4）运行维护

根据以上的数据，结合维保及运营支持人员费用基准单价标准，计算该系统正式投入运行后每年所需的运维费用。

其中：

1）IT基础设施维保技术支持费用（表9-4）

表9-4

序号	项目分类	资产原值（万元）	维保费率（%）	维保费（万元）
1	服务器	46	8	3.68
2	存储设备	64	10	6.4
3	网络设备	68	7	4.76
4	安全设备	38	9	3.42
6	合计		18.26	

2）根据经验估算系统全年的运营支持各类人员的工作量需求（表9-5）

表9-5

序号	人员类型	工作量（人·日）
1	运营总监	10
2	高级运维工程师	38
3	运维工程师	168
4	服务台	96

则该系统年运营支持费用见表9-6。

表9-6

序号	人员类型	工作量（人·日）	人工单价（元）	小计（元）
1	运营总监	10	3300	33000

续表

序号	人员类型	工作量（人·日）	人工单价（元）	小计（元）
2	高级运维工程师	38	2200	83600
3	运维工程师	168	1100	184800
4	服务台	96	550	52800
5	合计		354200	

3）根据经验估算系统全年的信息安全专项服务需信息安全工程师总工作量为 38 人日，则该系统年信息安全专项费用为：

信息安全专项费用 =1100×1.5×38=62700（元）

附　录

1. 信息化项目总费用表参考格式

信息化项目总费用表

序号	分项费用	工程量	单价	金额	备注
1	工程费				
1.1	建筑安装工程费				
1.2	信息人力费				
1.2.1	信息化规划与咨询项目费				
1.2.2	商用（套装）软件实施项目费				
1.2.3	应用软件定制开发项目费				
1.2.4	信息系统集成费				
1.2.5	信息系统运行与维护费				
1.2.6	信息安全专项服务费				
1.3	软硬件购置费				
	......				
2	工程建设其他费				
2.1	建设单位管理费				
2.2	项目前期咨询费				
2.3	工程设计费				
2.4	招标代理服务费				

续表

序号	分项费用	工程量	单价	金额	备注
2.5	工程监理费				
2.6	工程检测费				
2.7	其他费用				
3	预备费				
4	建设期利息				
5	合计				

2. 软件产品购置费用表参考格式

软件产品购置费用表

序号	分项名称	品牌型号	参数说明	数量	单价	金额	备注
1	操作系统						
1.1	操作系统 1						
	……						
2	数据库软件						
2.1	数据库 1						
	……						
3	中间件						
3.1	应用中间件						
	……						
4	开发工具						
4.1	工具软件 1						
	……						
5	质保费 *						
6	合计						

注: * 指软件产品质保期内的质保费用, 如提供免费质保则不计取。

3.硬件设备购置费用表参考格式

硬件设备购置费用表

序号	分项名称	品牌型号	参数说明	数量	单价	金额	备注
1	网络设备						
1.1	核心交换机						
1.2	汇聚层交换机						
1.3	接入层交换机						
1.4	光纤模块						
1.5	网管软件						
1.6	路由器						
1.7	VPN 设备						
1.8	无线控制器						
1.9	无线接入点						
	……						
2	主机设备						
2.1	服务器						
2.2	服务器配件						
2.3	小型机						
2.4	工作站						
2.5	周边设备						
	……						
3	存储和备份						
3.1	磁盘阵列						
3.2	磁带库						
3.3	网络存储						

续表

序号	分项名称	品牌型号	参数说明	数量	单价	金额	备注
3.4	存储备份管理软件						
3.5	数据保护软件						
	……						
4	安全设备						
4.1	防火墙						
4.2	入侵检测系统						
4.3	安全审计						
4.4	加密设备						
	……						
5	安全软件						
5.1	数字证书						
5.2	身份认证						
5.3	防病毒软件						
5.4	终端安全管理软件						
5.5	漏洞扫描						
	……						
6	智能化设备						
	……						
7	自动化设备						
	……						
8	质保费 *						
9	合计						

注：* 指硬件设备质保期内的质保费用，如提供免费质保则不计取。

4. 信息化规划与咨询项目费用表参考格式

信息化规划与咨询项目费用表

序号	项目阶段	工作量 （人·月或人·日）	人员类型	人工单价 [元/（人·月）或元/（人·日）]	小计 （元）
1	项目启动与准备阶段				
1.1					
1.2					
	……				
2	现状调研与分析				
2.1					
2.2					
	……				
3	方案设计				
3.1					
3.2					
	……				
4	实施蓝图设计				
4.1					
4.2					
	……				
5	汇报评审验收				
5.1					
5.2					
	……				
6	其他				
	（直接非人力费用）				
7	合计				

5.商用（套装）软件实施项目费用表参考格式

商用（套装）软件实施项目费用

序号	项目阶段	工作量（人·月或人·日）	人员类型	人工单价 [元 /（人·月）或元 /（人·日）]	小计（元）
1	需求分析				
1.1					
	……				
2	实施方案设计				
2.1					
	……				
3	软件实施				
3.1	模块 1				
	……				
4	系统测试				
4.1					
	……				
5	系统上线试运行				
5.1					
	……				
6	系统验收				
6.1					
	……				
7	用户培训				
7.1					
	……				
8	软件维保 *				
9	其他				
10	合计				

注：* 指软件质保期内的维保工作费用，如提供免费维保则不计取。

6. 应用软件定制开发项目费用表参考格式

应用软件定制开发项目费用表

序号	项目阶段	工作量（人·月或人·日）	人员类型	人工单价 [元/（人·月）或元/（人·日）]	小计 （元）
1	需求分析				
1.1					
	……				
2	概要设计				
2.1					
	……				
3	详细设计				
3.1					
	……				
4	开发（编码）				
4.1	子系统一				
	……				
5	系统测试				
5.1					
	……				
6	系统上线试运行				
6.1					
	……				
7	系统验收				
7.1					
	……				
8	用户培训				

序号	项目阶段	工作量（人·月或人·日）	人员类型	人工单价 [元/（人·月）或元/（人·日）]	小计 （元）
8.1					
	……				
9	软件维保*				
10	其他				
11	合计				

注：* 指软件质保期内的维保工作费用，如提供免费维保则不计取。

参考文献

[1] 建设工程计价（2014 年修订）[M].北京：中国计划出版社，2014.

[2] 李锦华，等.工程定额原理 [M].第二版.北京：电子工业出版社，2015.

[3] 曹小琳，等.建筑工程定额原理与概预算（第二版）.北京：中国建筑工业出版社，
     2015.

[4] 张建平.建筑工程计量与计价实务.重庆：重庆大学出版社，2016.

[5] 丁士昭.建设工程信息化导论.北京：中国建筑工业出版社，2005.

[6] 高复先.信息资源规划—信息化建设基础工程.北京：清华大学出版社，2010.

[7] 徐宗本，等.信息工程概论（第二版）.北京：科学出版社，2011.

[8] 李哲英.电子信息工程概论.北京：高等教育出版社，2014.

[9] 赵捷.企业信息化总体架构.北京：清华大学出版社，2015.

[10] 钟东江.电子政务工程造价指导书.广州：广东教育出版社，2013.

[11] 赵玮.软件工程经济学.西安：西安电子科技大学出版社，2012.

[12] 翟建华.价格理论与务实（第四版）.大连：东北财经大学出版社，2012.

[13] 陈六方，顾祥柏.EPC 项目费用估算方法与应用实例.北京：中国建筑工业出版社，
      2013.